Mi mundo

Los números

Ruth Merttens

Traducción de Sara Cervantes-Weber

Heinemann Library
Chicago, Illinois

© 2005 Heinemann Library
a division of Reed Elsevier Inc.
Chicago, Illinois

Customer Service   888-454-2279

Visit our website at www.heinemannlibrary.com

Printed and bound in China by South China Printing Company Ltd.

09 08 07
10 9 8 7 6 5 4 3 2

Library of Congress Cataloging-in-Publication Data
Merttens, Ruth.
    Los numeros / Ruth Merttens; traducción de Sara Cervantes-Weber.
        p. cm. -- (Mi mundo)
    Includes bibliographical references and index.
    ISBN 1-4034-6730-7 (hc) -- ISBN 1-4034-6735-8 (pbk.)
1. Number concept -- Juvenile literature. 2. Counting -- Juvenile literature. I. Title. II Series.

QA141.3.M49 2005
513 -- dc22

                                                                2004056988

Acknowledgments
The author and publisher are grateful to the following for permission to reproduce copyright material:
Alamy Images p. 7; Corbis/Doug Wilson p. 21; Getty Images/Taxi pp. 10, 24; Robert Lifson/Heinemann p. 9; Photofusion/Don Gray p. 11; Tudor Photography pp. 4, 5, 6, 8, 12, 13, 14, 15, 16, 17, 18, 19, 20, 22, 24.

Cover photograph reproduced with permission of Trevor Clifford.

Every effort has been made to contact copyright holders of any material reproduced in this book. Any omissions will be rectified in subsequent printings if notice is given to the publisher.

Many thanks to the teachers, library media specialists, reading instructors, and educational consultants who have helped develop the Read and Learn/Lee y aprende brand.

Special thanks to our bilingual advisory panel for their help in the preparation of this book:

Aurora Colón García	Leah Radinsky	Ursula Sexton
Literacy Specialist	Bilingual Teacher	Researcher, WestEd
Northside Independent School District	Inter-American Magnet School	San Ramon, CA
San Antonio, TX	Chicago, IL	

Unas palabras están en negrita, **así.**
Las encontrarás en el glosario en fotos de la página 23.

Contenido

¿Por qué algunas cosas tienen números?

Algunas cosas se parecen entre sí.

Al ponerles números, las podemos distinguir unas de otras.

Este autobús tiene un número.

El número les dice a los pasajeros
el lugar al que llega el autobús.

¿Dónde hay números?

Las casas tienen números para que sepamos a cuál ir.

El número de una casa forma parte de su **dirección**.

Las embarcaciones tienen números.

Así la gente puede saber cuál va a utilizar.

¿Cuáles otras cosas tienen números?

Estos **premios** están marcados con números.

Podrías ganarte un premio si tuvieses un boleto con el mismo número.

Los boletos tienen números.

Los números indican en dónde sentarse.

¿Por qué tienen números los premios?

Los números de los **premios** indican cuál es el ganador.

¿Cuál de estos perros crees que ganó la **competencia**?

Un primer premio significa que es el mejor.

También hay segundo premio y tercer premio.

¿Cómo podemos jugar con los números?

Podemos caminar en una pista con números.

A cada paso podemos contar cada bloque.

Podemos divertirnos con juegos
de mesa.

En este juego cada quien mueve
sus fichas de un número a otro.

¿Por qué contamos las cosas?

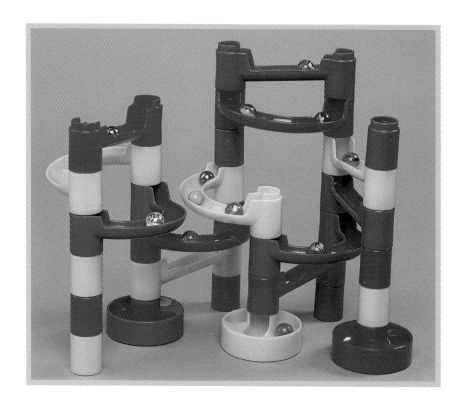

Contamos las cosas para saber cuántas hay.

¿Cuántas canicas ves en este juego?

Podemos contarlo todo, o contar solamente algunas cosas.

¿Cuántas de estas galletas tienen corazones?

¿Cuántos hay aquí?

Aquí hay cinco conos de helado.

Alguien ya se comió un helado.

¿Cuántos helados hay ahora?

¿Ahora cuántos hay?

Aquí tenemos tres sándwiches.

Alguien hizo otro sándwich.

¿Cuántos sándwiches hay ahora?

¿Qué edad tienes?

El número de velitas en tu pastel de cumpleaños dice tu edad.

¿Cuántos años tienes?

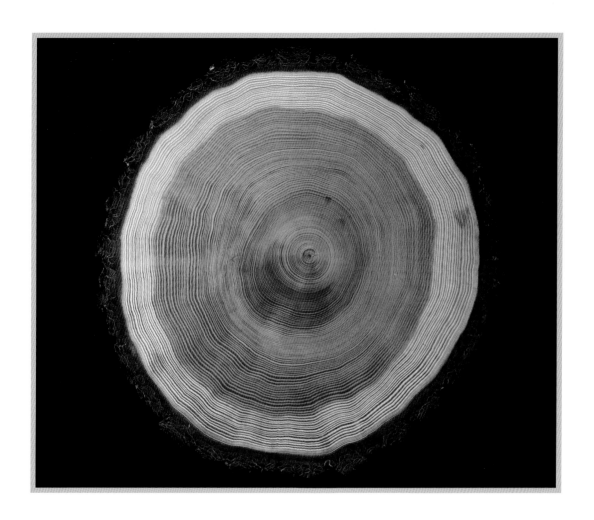

En el tronco de los árboles crece una nueva capa de corteza cada año.

Cada capa es un anillo que indica la edad del árbol.

¿Cómo se escriben los números con palabras?

1	uno
2	dos
3	tres
4	cuatro
5	cinco
6	seis
7	siete
8	ocho
9	nueve
10	diez